安全用电很简单

公共场所这样防触电

广东省电力科普总队
珠海市电机工程学会 编

中国电力出版社
CHINA ELECTRIC POWER PRESS

内容提要

　　为增强大众的安全用电防范意识，了解更多的安全用电知识，放心用好安全电，更好地守护人们的生命财产安全，本书编委会历时数月，编写了《安全用电很简单》系列科普作品。

　　本书重点介绍了室内外的安全电压、如何识别公共场所常见危险电源点、防触电注意事项、触电急救知识、安全用电标识等内容，让读者轻松掌握公共场所安全用电小常识，保护自己和他人的人身安全。

图书在版编目（CIP）数据

安全用电很简单. 公共场所这样防触电 / 广东省电力科普总队，珠海市电机工程学会编. — 北京：中国电力出版社，2024.6
ISBN 978-7-5198-8943-2

Ⅰ . ①安… Ⅱ . ①广… ②珠… Ⅲ . ①安全用电 – 普及读物 Ⅳ . ① TM92-49

中国国家版本馆 CIP 数据核字（2024）第 105641 号

出版发行：中国电力出版社
地　　址：北京市东城区北京站西街 19 号
　　　　　（邮政编码 100005）
网　　址：http://www.cepp.sgcc.com.cn
责任编辑：王杏芸（010-63412394）
责任校对：黄　蓓　张晨荻
装帧设计：赵姗姗
责任印制：杨晓东

印　　刷：北京九天鸿程印刷有限责任公司
版　　次：2024 年 6 月第一版
印　　次：2024 年 6 月北京第一次印刷
开　　本：889 毫米 ×1194 毫米　20 开本
印　　张：2.8
字　　数：67 千字
定　　价：20.00 元

安全用电很简单

公共场所这样防触电

主　编　龙建平　曹安瑛

副主编　谭文涛　叶智斌

主要编写人

　　　　杨继旺　陈　波　裴仁刚　李　杏

　　　　刘　琛　王小春　黄勇华　张文悦

　　　　曹代彬

绘　图　张敏旋

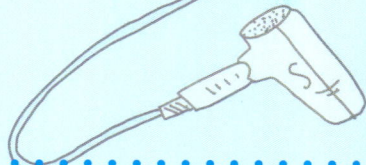

　　300 多年前，蒸汽机的发明让人类告别了"钻木取火"的农耕文明；200 多年前，爱迪生发明白炽灯，让世界"亮"起来；100 多年前，贝尔发明电话、意大利马可尼发明无线电，让世界"连"起来，从此人类进入电气时代。电点亮了人们夜晚的学习和生活，打开了通向外界的窗户。

　　进入第四次工业革命的我们，电的使用更加充沛和普及。就像离不开空气和水一样，我们须臾离不开电，它不仅是日常生活的基本需求，更是推动社会进步和科技发展的关键动力。电视机、电冰箱、洗衣机等电器的使用，极大地提高了人们的生活质量。电力与互联网、移动通信、人工智能等高科技的融合，推动了社会的快速发展。

　　电能激发万物，但如果我们不摸透它的"脾气"，会给我们带来危险和灾难。在床上放置插座和使用电器、同时使用多个大功率家用电器、若无其事地使用沾上水的吹风机……这些不安全的用电行为，你曾经有过吗？我们平时常常忽略的安全用电小细节，暗藏着巨大的用电风险。

　　参与编写本书的志愿组织弘扬"奉献、友爱、互助、进步"的志愿精神，凝聚社会各方力量将科普志愿服务融入社会治理创新；电机工程学会作为电力行业权威

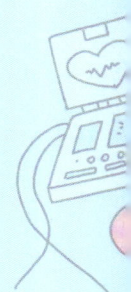

专业的科技社团，运用专业所长固化科普成果，为社会公众释疑解惑，助力解决社会现实问题。本书在编写过程中得到正高级工程师蔡天机的支持和帮助，在此表示感谢。

为增强大众的安全用电防范意识，了解更多的安全用电知识，放心用好安全电，更好地守护人们的生命财产安全，本书编委会历时数月，编写了《安全用电很简单》一系列科普作品，内容丰富、贴近日常生活，集趣味性、实用性、科学性、权威性于一体。

本书重点介绍了室内外的安全电压、如何识别公共场所常见危险电源点、防触电注意事项、触电急救知识、安全用电标识等内容，让读者轻松掌握公共场所安全用电小常识，保护自己和他人的人身安全。

现代社会，电维系着我们的生活环境，我们离不开电，更要谨慎用电。电的世界我最懂，让电尽其所能！希望通过本书，让我们一起学习用电常识，探索电的奥秘，摸透电的脾气，让它更好地为我们点亮前行的道路，照亮更多美好的瞬间。

编　者

2024 年 6 月

目 录

第 1 章　公共场所安全常识

有电危险
请勿触摸

配电重地
闲人免进

禁止攀登

1.1 认识安全电压

    安全电压是指不致使人直接致死或致残的电压，我国国家标准规定，安全电压为不高于 36 伏。

小安安： 平时说的触电死亡是怎样发生的呢？

电机小惠： 电击对人体的危害程度，主要取决于通过人体的电流大小和通电时间长短。当电流超过 50 毫安，通过人体时，人就会有强烈的灼痛感。严重情况下，还会出现肌肉痉挛、呼吸困难、呼吸麻痹等症状，危及人的生命安全。

渔人说，风浪越大鱼越大；电力叔叔会告诉你，电流强度越大，对生命的威胁越大；通电时间越长，死亡的可能性也越大。

电流可能对人体造成哪些伤害呀？

电流对人体造成的伤害有电击和电伤两种。

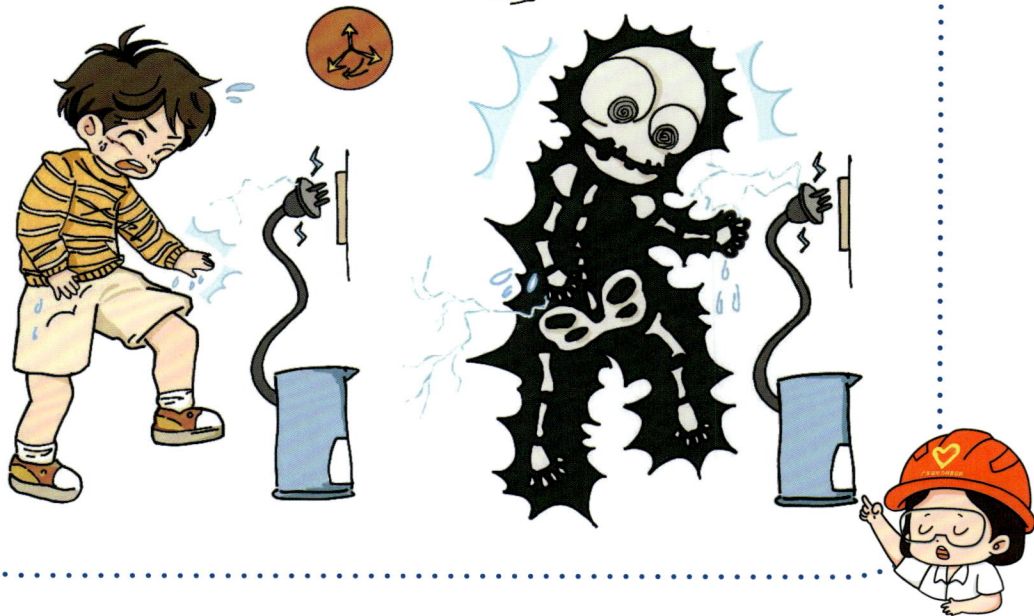

若电流更大，通电时间更长，电量更大

小安安： 人出汗的时候，会更容易导电吗？

电机小惠： 汗水会让电流跑得更快，触电时更容易受到伤害。电流对人体的伤害，与电流作用于人体时间的长短有密切关系。人体发热出汗时，电阻逐渐降低，通过人体的电流也就越大，对人体组织的破坏越厉害。

在较短的时间内危及生命的电流称为致命电流，如 50 毫安的工频电流（我国为 50 赫兹交流电）通过人体 1 秒，可使人致命。

发热出汗后，电阻逐渐降低，
通过人的电流越大！

$$I{\uparrow}=U/R{\downarrow}$$

电压

电阻

电流 电流

导线内部

1.2 识别常见的安全标志

这些常见的电力安全标识，你们都在哪里见过呢？看到黄色的图标，就要注意了哦！

高压危险

禁止合闸

禁止攀登

有电危险

1.3 识别公共场所危险源

有电危险
请勿靠近

止步 高压危险

有电危险

你知道这张图里都有哪些场景会有漏电、触电风险吗？一起来看看吧。

1　灯头离地面过低。

2　带电设施安全距离不够。

3　电线穿墙无套管。

4　落地式变压器无围栏。

5　电动机随意放置。

6　地下室积水。

7　乱拉电线。

8　施工场所未围蔽。

第2章 公共场所安全用电

2.1 公共场所安全用电原则

记住这些用电口诀，安全用电更有保障。

公共场所安全用电口诀

安全用电不放松，人人有责记心中。

户外设施要保护，搞不明白莫乱动。

安装维修找电工，不要乱接图轻松。

私拉电线很危险，国家法律也不容。

各种线路分开布，混在一起不宜用。

电线只能通电能，晒菜晾衣可不行。

玩灯危险

小朋友们要牢记，
不摸电器不玩灯。
绕开电力设施走，
严禁线下放风筝。
发现断线莫靠近，
留人看守找电工。
若是树枝碰电线，
告知电工来清理。

带电设备要远离，
电线破损碰不得。
插头开关咱常用，
质量第一要记清。
电线不要随意拉，
东扯西拽很危险。
有人触电莫慌乱，
喊来长辈想办法。

禁止放风筝

2.2 涉水公共场所安全原则

在涉水公共场所，应尽量远离带电设备。如果发现带电设备存在安全隐患或故障，应立即停止使用，并及时报告相关部门进行处理。

2.2.1 游泳池

游泳得注意安全，很多人第一反应是溺水，但其实泳池里还必须注意防止触电。

老师，这周末我爸带我去游泳。

小安安：我已经学会游泳了，在游泳池里，除了防溺水还要防触电吗？

电机小惠：不管会不会游泳，都要有防溺水、防触电的安全意识，这些可都是"保命绝招"啊。

（1）不要在池水中触碰或摸可能带电的金属设备，以避免意外触电发生。

（2）在使用公共设施时，如在淋浴间、更衣室时，要注意观察电器设备外观是否有损坏，是否能正常使用。使用带防漏电的插头，以避免漏电或短路发生。

2.2.2 喷泉

小安安：我们最喜欢看喷泉表演了，这里有什么危险吗？

电机小惠：喷泉虽美，但安全更要多加注意。想象一下，当一个小朋友在喷泉中突然触电倒地，是多么可怕啊！

（1）一般喷泉周围都张贴或悬挂安全注意事项的标识，相当于拉了一道"警戒线"，我们不能逾越；另外，也不要趁着喷泉关闭或维修时，偷偷溜进喷泉区域。

（2）不要触摸喷泉口或附近的水管等金属设备，以防止设备漏电导致触电。

（3）喷泉池存在漏电风险，不要在喷泉池内洗手洗脚。

（4）与喷泉保持适当的距离，避免被水柱冲击或摔倒。

安装按摩浴缸、电热水器、水池等水-电一体的设备时,一定要请具有专业资质的人员来施工哦。

我在自己家里泡澡应该很安全吧?

小安安：现在用热水很方便，听说很多都是用电加热的，我们使用时会触电吗？

电机小惠：多留个心眼，眼观八方，不乱碰乱摸金属设备。

（1）在进入洗浴场所前，先了解洗浴设施的使用方法和安全注意事项。

（2）在使用加热设备时，要注意设备周围是否有破损或裸露的导线，使用喷水头要远离水源，不要用喷水头去喷电源及用电设备。

（3）在使用电器设备时，如吹风机等，要确保电源插座的安全可靠，避免漏电或短路。

小笔记（告诉小惠，你学到了什么新知识。）

第3章　用电注意事项

3.1 电源、插座使用与注意事项

松动的插头、插座容易因接触不良而发热，导致火灾。

为什么插头不能有松动？

小安安：插座看起来很神奇，一接上就通电了，可以拆开看看里面有什么吗？

电机小惠：首先，我们要确保使用的电源插座是符合安全标准的，也就是说，安全是第一位的，千万不要使用劣质或损坏的插座，以防止触电或火灾等危险发生。另外，在使用中，还要特别注意：

（1）遵守规定。在使用插座时，应遵守公共场所的规定和指示。不要随意插拔插座或拔插电器，以免造成损坏或触电。

（2）避免过度使用。不要同时插入多个电器，避免超负荷使用插座。如果插座过热或有异味，这时就要引起高度警觉了，我们应该立即停止使用并寻求帮助。

有电危险

禁止过载使用

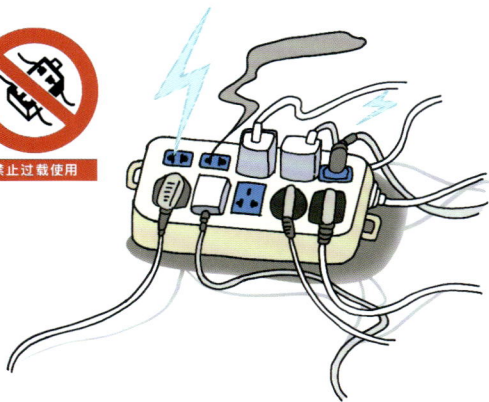

如果插座过热或有异味……！

（3）注意周围环境。在使用插座时，应注意周围的环境和安全。不要在潮湿、易燃或易爆物品附近使用插座，以防止发生危险。

（4）避免儿童接触。如果插座位于儿童可触及的地方，应采取措施，比如使用保护盖或儿童锁等。

（5）及时报告问题。如果发现插座有损坏或异常情况，应立即停止使用并报告给相关人员进行处理。不要试图自行修理或更换插座，以免造成更大的危险。

3.2　临时用电注意事项

（1）在临时用电的场所，需要设置临时用电的警示牌。

（2）临时用电源线禁止布置在地面积水场所。

（3）临时用电设备设置同时具备短路、过载、接地故障切断保护功能的漏电保护器。

（4）临时用电设置地线（PE保护线）。

3.3 常见不安全用电行为及纠正措施

在日常生活中，你知道都有哪些用电行为是危险的吗？

（1）使用劣质电器和破损电器，容易导致触电，引发火灾。

（2）使用无电源开关的插座，使用长线插座和串接插线板用电，存在触电风险。

（3）在床上放置插座和使用充电器，甚至台灯，床单、被子等可燃物多，存在安全隐患。

（4）使用破损的电器或电线，使用外皮破损、裸露内线的电器或电线，容易导致触电事故。

（5）拆卸电器，非专业人员随意拆卸电器，可能导致电器损坏或者触电。

（6）超负荷使用插座，在一个插座上同时接入过多的电器，导致插座超负荷运行，容易引发火灾。

（7）湿手插拔电器，用湿手插拔电器插头，容易引发触电事故。

（8）私拉乱接电线，在未经允许的情况下，私自拉设电线，容易导致触电或火灾事故。

第 4 章　公共场所防触电原则

4.1 识别室内公共场所涉电安全隐患

　　室内场所具有一定的私密性，如果在用电时随意、任性，可能带来大麻烦。下面我们来看看哪些是危险行为吧。

（1）用湿抹布擦拭未断电的电器。
（2）在电源附近放置易燃物品。
（3）在潮湿环境中使用电器。
（4）私自乱拉电源线路。
（5）违章使用大功率电器。
（6）触碰老旧小区楼道低矮的电能表。
（7）老旧小区电箱未上锁。
（8）公共场所临时电源、临时用电接插线板。

在出行游玩中，你有发现哪些涉电安全隐患吗？试一试，看你能说出哪些行为是不安全的？

1. 施工场所电源未围蔽。

2. 禁止攀爬电杆及拉线。

3. 空调外机支架存在带电风险。

4. 老旧小区电线晾衣服。

5. 电线掉落在地上，接近它可能存在触电风险。

6. 高压线下放风筝、钓鱼。

7. 路灯、交通灯长期处于室外，受工艺、维护保养、环境等因素影响大，可能存在漏电风险。

8. 雷雨天气时不要使用户外娱乐金属器材，容易出现雷击现象。

9. 户外广告灯箱、通信电箱，一旦长期泡在水中，人遭遇到触电危险的暴露值极高。

10. 工业电扇功率大，如果发生漏电情况，会对人产生严重伤害。

记住大原则：与带电的设施保持距离，不要随意触摸或靠近。

老师，我怎么知道哪些地方危险呢？

小安安： 我们经常逛的公园和游乐场，有哪些看不见的危险呢？

电机小惠： 出门在外，安全第一。在公园、游乐场、娱乐场所等公共场所，我们要遵守规定，不做对他人造成干扰或危险的事情。当然，也得学会保护自己。

（1）远离带电设备。对于带电的游乐设备、电器等，要保持一定的距离，不要随意触摸或靠近。特别是对于那些有明显警示标志的设备，更要格外小心。

（2）注意观察环境。在游玩过程中，要时刻注意观察周围的环境，特别是对于一些潜在的安全隐患，如破损的设施、不稳定的结构等，要保持警觉。

（3）听从工作人员的指导。在公园、游乐场、娱乐场所等公共场所，工作人员会提供专业的指导和建议。在游玩过程中，要听从工作人员的指导，确保自己的安全。

（4）及时求助。如果在游玩过程中遇到问题或危险，要及时向工作人员求助，寻求帮助。

禁止露营

禁止钓鱼

当心触电

清新的空气，空旷的草地，无忧无虑的时光——露营的时候，仿佛火锅吃起来更香，连平时不爱吃的水果，好像都更有味道了。但是，露营的时候，需要注意以下几点：

1 露营选址需科学，在雨季或多雷电区域，营地不能扎在高地上、大树下或比较孤立的平地上，那样容易遭到雷击。

2 禁止在高压输电铁塔、配电线路铁塔、电线杆、变压器、配电箱等电力设施周围搭建帐篷，谨防触电。

3 高压线附近不能放风筝，风筝一旦缠绕在电力线路上，可能造成触电。

4 在营地搭建帐篷时注意远离可能埋有电力电缆的区域。

5 露营钓鱼时需注意与输电线路保持安全距离，防止鱼竿或者鱼线搭在电线上。

6 露营设备若用电需注意，使用前请先检查电线线路是否完好、有无破损，防止线路漏电。

7 请勿使用劣质移动电源，使用有 3C 认证，质量有保障的产品。

8 禁止超负荷用电。不要在露营帐篷内使用大功率电器，帐篷内及其周边不要存放易燃易爆物品。

4.2.3 户外充电设施

现在，电动汽车、电动自行车因为绿色、低碳、环保，更多地走进了千家万户。只要安全充满电，就可以开启一段绿色低碳旅程了。

（1）在充电前：我们要检查周围环境，是否有易燃易爆物品。查看充电桩设备是否完好，电缆和接头是否完好，充电桩显示状态是否正常，充电接口标准是否匹配。下雨天如果没有雨棚，最好不要露天使用充电桩，以防漏电发生危险。

（2）充电过程中：应该按使用说明正确操作充电桩。使用过程中如有任何异常情况，可以立即按下急停按钮，切断所有输入输出电源。同时要特别注意的是，别让小朋友在充电过程中靠近、使用充电桩，以免造成伤害。

（3）充电完成后：要确认充电桩停止工作，再拔出充电枪，将充电枪整理好放回充电口，并将电动车充电口封好。

小笔记（可以写下你的学习心得哦！）

第5章　触电急救常识

5.1　公共场所急救常识

如果发现有人触电了，应该怎么办呢？小朋友要立即呼叫大人，寻求帮助。

（1）立即切断电源。遇到人员触电的情况，要立即切断周围电源，以避免电流继续对触电者造成伤害。在确保救援人员是在安全的环境下，才能开展救援。在救援过程中，施救者应确保自身的安全。

（2）观察触电者的状况。切断电源后，观察触电者的状况，包括是否有意识、是否有呼吸、是否有脉搏跳动等。

（3）心肺复苏。如果触电者失去意识、停止呼吸或脉搏微弱，应立即进行心肺复苏。心肺复苏包括胸外按压和人工呼吸，以维持触电者的生命体征。

（4）拨打急救电话。在施救的同时，拨打120急救电话，通知专业医护人员前来救治。在等待专业医护人员到场的过程中，应持续进行心肺复苏等急救措施，以尽可能延长触电者的生命救援时间。

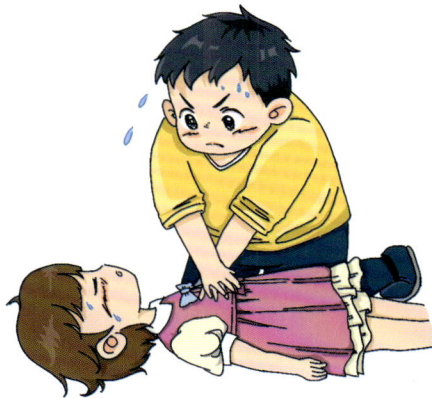

5.2 公共场所急救器械、药品配置指导目录

5.2.1 公众型急救器械基本配置

用途	品名	规格	数量
消毒	医用消毒棉签（一次性独立包装）	根	20
	碘伏棉签（一次性独立包装）	根	20
	无醇免洗手消毒液	500 毫升 / 瓶	1
止血包扎	自粘性弹力绷带	卷	2
	医用胶布	卷	1
	施压式止血带	条	2
	（普通）创可贴	片	5
	无菌医用纱布	大、中、小	各 5
	三角巾	条 100 厘米 x 100 厘米	2
	弯头绷带剪刀	把	1
个人防护	一次性外科口罩	副	5
	口对口人工呼吸防护膜	个	5
	一次性医用橡胶手套	副	5

5.2.2 公众型急救药品配置（可用同类药品替代）

功能／用途	参考品名	规格	单位	数量
驱风、止痒、蚊虫叮咬、晕车不适等	风油精／清凉油	3毫升／6毫升／9毫升	瓶	1
活血散瘀、消肿止痛、跌打损伤等	消肿止痛贴／正骨水／云南白药气雾剂等	根据品名确定	盒／瓶	1

5.2.3 专业型急救器械增配配置

用途	品名	规格	数量
听诊肺部、心脏等	听诊器	个	1
测量血氧饱和度	便携式氧饱和度计	个	1
测量血压	电子血压计	台	1
测量体温	电子体温计	支	1

5.2.4　专业型急救药品增配配置（可用同类药品替代）

用途	规格	单位	数量
硝酸甘油片（或速效救心丸）	0.5毫克（40毫克/丸）	瓶	1
沙丁胺醇气雾剂	100微克/揿	盒	1
阿司匹林肠溶片	100毫克/50毫克/25毫克	盒/瓶	1

5.2.5　自动体外除颤器

名称	规格	单位	数量
自动体外除颤器	支持成人和儿童模式	台	1
弯头绷带剪刀	18.5厘米 × 9.1厘米	把	1
呼吸面膜	22毫米 × 15毫米	片	2
AED标志牌	300毫米 × 400毫米	个	1
除颤电极片	成人	片	2
除颤电极片	儿童（选配）	片	1
一次性剃须刀	手动	片	1
AED安装箱	根据具体情况	个	1

名称	规格	单位	数量
铲式担架	210 厘米 × 44 厘米 × 6 厘米（参考值）（注：配置制式头部固定器）	副	1
轮椅	93 厘米 × 62 厘米 × 88 厘米（参考值）	把	1
颈托	57 厘米 × 18 厘米 × 1 厘米（参考值）（注：可调式）	个	1
长脊柱板	183 厘米 × 44 厘米 × 34 厘米（参考值）（注：配置头部固定器）	副	1

5.3 心肺复苏术

小安安：什么是心肺复苏术？真的能唤醒"沉睡"的受伤者吗？

电机小惠：心肺复苏术简称 CPR，是针对呼吸心脏骤停的患者最常用抢救方式之一。

（1）实施方法。主要通过人工胸外心脏按压与人工通气的方式，为心搏骤停患者争取在较短时间内提供一定的人工心肺支持。通常包括成人徒手心肺复苏以及儿童的心肺复苏，可以在专业医护人员来到前，为心脏骤停患者争取抢救黄金时间。

（2）抢救黄金时间。呼吸心脏骤停后 4～6 分钟，在这段时间内，如果大脑出现不供氧情况，大脑神经细胞将出现不可逆死亡，所以对于呼吸心脏骤停患者，需立即进行抢救。在实施心肺复苏的过程中，可以要求旁边其他人员或者家属立即拨打120，寻求进一步的专业医护人员的救援支持。

小笔记（把学到的知识都记录下来吧！）

附录 公共场所安全标志类型

警告标志

安全色　黄色

黄色

传递**注意**、**警告**的信息

警告标志的含义是警告人们可能发生的危险。

警告标志的几何图形是黑色的正三角形、黑色符号和黄色背景。

当心车辆
Watch out for cars

当心机械伤人
Warning mechanical injury

当心吊物
Warning overhead load

当心坠落
be careful falling

当心坑洞
Warning hole

当心塌方
Warning collapse

当心高空落物
Beware of falling objects

已接地
Grounded

有电危险
Danger Electric Shock Risk

禁止标志

安全色 **红色**

红色

传递**禁止、停止、危险或提示消防设备、设施**的信息

禁止标志的含义是不准或制止人们的某些行动。

禁止标志的几何图形是带斜杠的圆环，其中圆环与斜杠相连，用红色；图形符号用黑色，背景用白色。

禁止吸烟
No Smoking

禁止烟火
No Burning

禁止明火作业
No open fire operation

禁止带火种
No kindling

禁止放易燃物
No Inflammable Materials

禁止用水灭火
Prohibit fire fighting

禁止靠近
No Approaching

禁止合闸
No switching on

禁止饮用
No drinking

指令标志

安全色	蓝色

蓝色

传递**必须遵守规定**的指令性信息

　　指令标志的含义是必须遵守，是强制人们必须做出某种动作或采用防范措施的图形标志。

　　指令标志的几何图形是圆形，蓝色背景，白色图形符号。

43

必须保持清洁 Must be kept clean	**必须戴安全帽** Safety helmet must be worn	**必须系安全带** Seatbelt must be fastened
必须穿工作服 Must wear overalls	操作证 **必须持证上岗** Must be certified on duty	**必须佩戴防护眼镜** Protective glasses must be worn
必须戴安全帽 Safety helmet must be worn	**必须穿防护鞋** Protective shoes must be worn	**必须穿防护服** Protective clothing must be worn

提示标志

安全色　绿色

绿色

传递**安全**的**提示性**信息

　　提示标志是向人们提供某种信息（如标明安全设施或场所等）的图形标志。

　　提示标志的几何图形是方形，绿色背景，白色图形符号及文字。

禁止吸烟

NO SMOKING!

小心地滑

CAUTION!WET FLOOR

严禁拍摄

NO SHOOTING!

洗手间

TOILET

禁止宠物入内

NO PET!

小心台阶

STEP CAREFULL Y!

安全出口

EXIT!

当心触电

DANGER!ELEC TRIC SHOCK

消火栓

FIRE HOSE STATION